创新家装

设计图典

创新家装设计图典第 3 季 编写组 编

第 3 季

客 厅

机械工业出版社

CHINA MACHINE PRESS

全新升级的"创新家装设计图典第3季"将继续为读者提供全新的设计案例,针对居室各空间提供了直观的设计图例。这些图例不仅能使你感受到现代设计师的空间美学与巧思,窥视室内设计的动向与潮流,而且更重要的是通过对一个个真实案例的参考与借鉴,助你在家装设计领域打造出更宜居与令人满意的幸福空间。

本系列图书包括背景墙、客厅、餐厅、玄关走廊、卧室书房五类,涵盖室内主要空间分区。每个分册结合空间类型穿插材料选购、设计技巧、施工注意事项等实用贴士。

图书在版编目(CIP)数据

创新家装设计图典. 第3季. 客厅 / 创新家装设计图典第3季编写组编. — 3版. — 北京 : 机械工业出版社, 2016.11

ISBN 978-7-111-55314-4

Ⅰ. ①创… Ⅱ. ①创… Ⅲ. ①客厅－室内装修－建筑设计－图集 Ⅳ. ①TU767-64

中国版本图书馆CIP数据核字(2016)第264918号

机械工业出版社 (北京市百万庄大街22号 邮政编码 100037)
策划编辑:宋晓磊   责任编辑:宋晓磊
责任印制:李 洋   责任校对:白秀君
北京中科印刷有限公司印刷

2016年11月第3版第1次印刷
210mm×285mm · 6印张 · 190千字
标准书号:ISBN 978-7-111-55314-4
定价:29.80元

目录
Contents

lips

客厅设计的基本要求有哪些

　　客厅的设计，打造宽敞的感觉是非常重要的，不管空间是大还是小，在室内设计中都需要注意这一点。宽敞的感觉可以带来轻松的心境和欢愉的心情；不管是否做人工吊顶，都必须确保空间的高度，确保客厅是家居中空间净高最大的(楼梯间除外)，这种最高化可以使用各种视错觉处理。客厅的布局，应是最顺畅的，无论是从侧边通过客厅还是从中间横穿客厅的交通线布局，都应确保进入客厅或通过客厅的顺畅。当然，这种确保是在条件允许的情况下形成的。客厅使用的家具，应考虑家庭活动以及家庭成员的适用性。这里要考虑老人和小孩的使用问题。

装饰银镜

米黄色网纹大理石

仿木纹玻化砖

羊毛地毯

红砖

强化复合木地板

印花壁纸

米色大理石

装饰硬包

胡桃木装饰横梁

黑胡桃木饰面板

强化复合木地板

车边灰镜

强化复合木地板

木纹大理石

爵士白大理石

强化复合木地板

砂岩浮雕

艺术地毯

木纹大理石

木纹大理石

仿木纹玻化砖

黑色烤漆玻璃

爵士白大理石

白枫木装饰线

仿木纹壁纸

有色乳胶漆

云纹大理石

艺术地毯

仿皮纹壁纸

木纹大理石

有色乳胶漆

米色大理石

印花壁纸

混纺地毯

灰白色网纹玻化砖

艺术地毯

Tips

客厅如何装修最省钱

　　客厅地面可采用造价低、工艺上运用多种艺术装饰手段的水泥做装饰材料；墙面可不做背景墙，利用肌理涂料、水泥造型及整体家具代替单独的背景墙；购买整体家具可以省去做电视背景墙的费用；客厅吊顶可以简单化，甚至可以不做吊顶。小客厅可以使用色彩淡雅明亮的墙面涂料，让空间显得更加宽敞。

车边银镜

米色网纹玻化砖

印花壁纸

泰柚木饰面板

印花壁纸

镜面锦砖

米色大理石

黑胡桃木装饰立柱

强化复合木地板

云纹大理石

车边灰镜

肌理壁纸

黑色烤漆玻璃

强化复合木地板

白色乳胶漆

混纺地毯

爵士白大理石

米黄色网纹大理石

有色乳胶漆

水曲柳饰面板

米黄色大理石

白枫木装饰线

镜面锦砖

印花壁纸

泰柚木饰面板

铂银壁纸

印花壁纸

白砖

印花壁纸

有色乳胶漆

陶瓷锦砖

钢化玻璃装饰立柱

条纹壁纸

有色乳胶漆

装饰灰镜

强化复合木地板

如何设计客厅的色彩

　　客厅设计首先要确定主色调。由于人们的性格、阅历和职业不同，客厅的色彩设计也是各不相同的，主要以个人的喜好和兴趣为主。如果是自己不喜欢的颜色，无论设计多么合理，自己都不会很满意。如果客厅的主色调为红色，其他的装饰色就不要太强烈，如地面用茶绿色，墙面就要用灰白色，避免造成色调冲突。如果客厅的主色调为橙黄色，其他的装饰色就应该选用比主色调稍深的颜色，以达到和谐的效果，给人以柔和而温馨的感觉。如果主色调为暖色绿色，地面和墙面就可设计为淡黄色，家具则为奶白色，这种颜色的搭配能给人以清晰、细腻的感觉，使整个房间变得轻快活泼。

印花壁纸

仿洞石玻化砖

有色乳胶漆

印花壁纸

仿古砖

强化复合木地板

有色乳胶漆

车边银镜

印花壁纸

波浪板

陶瓷锦砖

白砖

白枫木装饰线

装饰银镜

木纹大理石

灰白色洞石

有色乳胶漆

米黄色大理石

白色玻化砖

铂银壁纸

陶瓷锦砖

木纹大理石

水曲柳饰面板

仿古墙砖

米色玻化砖

木质搁板

铂金壁纸

混纺地毯　　　　　　　　水曲柳饰面板

白枫木饰面板

有色乳胶漆

有色乳胶漆

白色乳胶漆

艺术地毯

米黄色网纹亚光玻化砖

如何设计简洁的小户型客厅

对于面积较小的客厅,一定要做到简洁,如果放置几件橱柜,将会使小空间显得更加拥挤。如果在客厅中摆放电视机,可将固定的电视柜改成带轮子的低柜,以提高空间利用率,而且还具有较强的变化性。小客厅中可以使用装饰品或摆放花草等物品,但力求简单,能起到点缀效果即可,尽量不要放置铁树等大型盆栽。很多人希望能将小客厅装饰成宽敞的视觉效果,对此,可在设计顶棚时不做吊顶,将玄关设计成通透的,尽量减少空间占用。

印花壁纸

黑色烤漆玻璃

米色大理石

羊毛地毯

肌理壁纸

强化复合木地板

有色乳胶漆

木质踢脚线

米色亚光墙砖

艺术地毯

红樱桃木饰面板

强化复合木地板

木纹大理石

密度板雕花隔断

印花壁纸

有色乳胶漆

仿木纹壁纸

木质窗棂造型

白枫木装饰线

米黄色网纹大理石

有色乳胶漆

有色乳胶漆

白色乳胶漆

红樱桃木饰面板

印花壁纸

木质踢脚线

云纹大理石

深啡网纹大理石波打线

条纹壁纸

红樱桃木装饰线

白色乳胶漆

白枫木饰面板

灰白色网纹玻化砖

白色亚光玻化砖

印花壁纸

小户型客厅的装饰品摆放应该注意什么

　　小客厅的墙面要尽量留白，因为为了保障收纳空间，房间中已经有了很多高柜，如果在空余的墙面再挂些饰品或照片，就会在视觉上造成拥挤的感觉。如果觉得墙面因缺乏装饰而缺少情趣，可以选择房间内主色调中的一个色彩的饰品或装饰画，在色调上一定不要太出格，不要因为更多色彩的加入而让空间显得杂乱。适当地降低饰品的摆放位置，让它们处于人体站立时视线的水平位置之下，既能丰富空间情调，又能减少视觉障碍。

有色乳胶漆

红砖

有色乳胶漆

米色大理石

米黄色大理石

强化复合木地板

车边银镜吊顶

混纺地毯

条纹壁纸

爵士白大理石

浅啡网纹大理石

有色乳胶漆

波浪板

仿古砖

木质装饰横梁

陶瓷锦砖

水曲柳饰面板

灰白色网纹玻化砖

爵士白大理石

米色玻化砖

灰色烤漆玻璃

爵士白大理石

肌理壁纸

泰柚木饰面板

有色乳胶漆

强化复合木地板

瓷面锦砖

密度板雕花隔断

白枫木百叶

有色乳胶漆

茶色烤漆玻璃

印花壁纸

米黄色大理石

印花壁纸

如何设计实用的大户型客厅

设计面积较大的客厅时，应注意合理划分功能区域。按照室内设计的一般规律，在大空间内划分功能区，通常采用两种方法，即硬性划分和软性划分。硬性划分主要是通过家具、隔断的设置，使每个功能空间相对封闭，使其从大空间中独立出来，通常采用推拉门、搁物架等装饰元素。但这种划分方式会减少空间的使用面积，给人狭窄、凌乱的感觉。软性划分是目前家庭装修中最常用的分区方式，主要采用暗示的手法来划分各个功能区。例如，会客区的地面采用柔软的地毯，餐厅的地面则采用容易清洗的强化木地板。这种设计虽然没有使用隔断来分隔各个功能区，但从地面材料上就可以轻易地进行空间界定。

米色网纹大理石

布艺软包

车边茶镜

布艺软包

白松木板吊顶

有色乳胶漆

白枫木饰面板

米黄色网纹玻化砖

印花壁纸

泰柚木饰面板

车边银镜

胡桃木装饰立柱

布艺软包

仿洞石玻化砖

有色乳胶漆

黑色烤漆玻璃

印花壁纸

仿木纹玻化砖

米色大理石

米色玻化砖

布艺软包

车边茶镜

布艺软包

仿木纹玻化砖

白色玻化砖

白色乳胶漆

皮革软包

白色乳胶漆

胡桃木格栅

皮革软包

有色乳胶漆

白枫木饰面板

米色玻化砖

客厅吊顶施工的注意事项有哪些

　　1. 安装前应处理木龙骨、轻钢龙骨。居室中出现火情时火苗是向上燃烧的，因此，在施工过程中，应该严格对木龙骨进行防火处理，对于轻钢龙骨也要按规定进行防锈处理。

　　2. 布置吊杆。在布置吊杆的时候，应该按照设计的要求进行弹线，确定吊杆的位置，而且其间距不应该大于1.2m。另外，吊杆不应该与用作其他设备的吊杆混用，当吊杆和其他设备有冲突的时候，应该根据实际情况来调整吊杆的数量。

　　3. 吊顶应注意拼接平整。在安装主龙骨时，应该及时检查其拼接是否平整，然后在安装的过程中进行调试，一定要满足板面的平整要求。在固定螺栓的时候，应该从板的中间向四周固定，而不应该同时施工。

　　4. 墙面涂装应无漏缝。吊顶压条在安装的时候一定要平直，根据实际情况及时调整。而墙面涂装涂料的时候一定不要有堆积现象，尤其是在墙面和吊顶交接的地方，不应该有漏缝等情况发生。

松木板吊顶

泰柚木饰面板

有色乳胶漆

印花壁纸

木纹大理石

黑胡桃木饰面板

实木雕花

装饰灰镜

艺术地毯

有色乳胶漆

红砖

条纹壁纸

爵士白大理石

装饰银镜

文化石

米色网纹大理石波打线

木纹大理石

云纹大理石

石膏格栅吊顶

木纹大理石

密度板雕花贴黑镜

白枫木装饰线

有色乳胶漆

装饰硬包

红砖

木纹大理石

米黄色大理石

装饰硬包

印花壁纸

白枫木饰面板

肌理壁纸

木纹大理石

密度板雕花贴银镜

有色乳胶漆

客厅照明如何设计更合理

客厅是家中最大的休闲、活动空间，要求明亮、舒适、温暖。一般客厅会将主照明和辅助照明搭配使用，来营造空间的氛围。主照明常见的有吊灯或吸顶灯，使用时需注意上下空间的亮度要均匀，否则会使客厅显得阴暗，让人不舒服。另外，也可以在顶棚周围增加隐藏的光源，如吊顶的隐藏式灯槽，让客厅空间显得更为高挑。

客厅的灯光多以黄光为主，光源色温最好在2800~3000K。可考虑将白光及黄光互相搭配，借由光影的层次变化来调配出不同的氛围，营造别样的风格。

客厅的辅助照明就是落地灯和台灯，它们是局部照明及加强空间造型最理想的器材。沙发旁边茶几上的台灯最好光线柔和，有可能的话最好用落地灯作为阅读灯。落地灯虽然方便移动，但电源并不是到处都有，因此，落地灯的位置应固定在一个较小的区域内。

米黄色网纹大理石

印花壁纸

雕花银镜

布艺软包

直纹斑马木饰面板

印花壁纸

米色网纹大理石

印花壁纸

密度板混油

白色乳胶漆

石膏顶角线

强化复合木地板

装饰硬包

肌理壁纸

白色乳胶漆

强化复合木地板

白色乳胶漆

有色乳胶漆

石膏板拓缝

有色乳胶漆

白枫木装饰线

羊毛地毯

云纹大理石

白色乳胶漆

泰柚木饰面板

布艺软包

石膏装饰线

不锈钢收边条

羊毛地毯

印花壁纸

陶瓷锦砖装饰线

米色网纹大理石

印花壁纸

米色网纹亚光玻化砖

如何设计客厅地面的色彩

　　家庭的整体装修风格和理念是确定地板颜色的首要因素。深色调地板的感染力和表现力很强，个性特征鲜明；浅色调地板风格简约，清新典雅。

　　要注意地板与家具的搭配。地面颜色要很好地衬托家具的颜色，并以沉稳、柔和为主调。浅色家具可与各种颜色的地板任意组合，但深色家具与深色地板搭配时则要格外小心，以免产生"黑蒙蒙"压抑的感觉。

　　居室的采光条件也限制了地板颜色的选择范围，尤其是楼层较低，采光不充分的居室则要注意选择亮度较高、颜色适宜的地面材料，尽可能避免使用颜色较暗的材料。

　　面积小的房间地面要选择暗色调的冷色，使人产生面积扩大的感觉。如果选用色彩明亮的暖色地板，就会使空间显得更加狭窄，增加压抑感。

装饰银镜

有色乳胶漆

混纺地毯　　　　　　　强化复合木地板

云纹大理石

泰柚木饰面板

白色乳胶漆

有色乳胶漆

米色大理石

车边银镜

皮纹砖

装饰茶镜

白砖

仿古砖

印花壁纸

条纹壁纸

白色乳胶漆

泰柚木饰面板

密度板雕花隔断

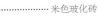

米色玻化砖

银镜装饰线

条纹壁纸

有色乳胶漆　　　　　　　　　　　　　　　　　　　印花壁纸

有色乳胶漆

印花壁纸

装饰灰镜

白枫木饰面板

陶瓷锦砖

米黄色大理

灰白色洞石

印花壁纸

白色乳胶漆

爵士白大理石

Tips

如何选购实木地板

1. 检测地板的含水率。我国不同地区对木地板的含水率要求均不同，国家标准所规定的含水率为10%~15%。购买时先测展厅中选定的木地板的含水率，然后再测未开包装的同材种、同规格的木地板的含水率，如果相差在2%以内，可认为合格。

2. 观测木地板的精度。用10块地板在平地上拼装，用手摸、用眼看其加工质量，包括精度、光洁度，是否平整、光滑，榫槽配合、安装缝隙、抗变形槽等的拼装是否严丝合缝。

3. 检查基材的缺陷。看地板是否有死节、活节、开裂、腐朽、菌变等缺陷。由于木地板是天然木制品，客观上存在色差和花纹不均匀的现象，如若过分追求地板无色差是不恰当的，只要在铺装时稍加调整即可。

4. 挑选板面、漆面质量。油漆分UV、PU两种。一般来说，含油脂较高的地板如柏木、蚁木、紫心苏木等需要用PU漆，用UV漆会出现脱漆、起壳现象。选购时关键看烤漆漆膜的光洁度，以及有无气泡、是否漏漆、耐磨度如何等。

印花壁纸

实木装饰线密排

红樱桃木窗棂造型

中花白大理石

白色乳胶漆

装饰茶镜

皮革软包

木纹大理石

红砖

米色抛光墙砖

密度板雕花

条纹壁纸

中花白大理石

手绘墙饰

米黄色洞石

车边茶镜

印花壁纸

大理石踢脚线　　　　　　　　　　　　　　　　　水曲柳饰面板

布艺软包

水曲柳饰面板

印花壁纸

印花壁纸

布艺软包

爵士白大理石

印花壁纸

羊毛地毯

有色乳胶漆

黑胡桃木饰面板

仿木纹壁纸

布艺软包

有色乳胶漆

白砖

手绘墙饰

米色大理石

Tips

如何选择合适的客厅地砖规格

依据居室面积大小来挑选地砖：一般如果客厅面积在30m²以下，考虑用600mm×600mm的规格；如果客厅面积在30~40m²，可以考虑选用600mm×600mm或800mm×800mm规格；如果客厅面积在40m²以上，就可考虑用800mm×800mm的规格。如果客厅被家具遮挡的地方多，也应考虑用规格小一点的。就铺设效果而言，以全部整片铺贴为好，就是指到边尽量不裁砖或少裁砖，尽量地减少浪费。一般而言，地砖规格越大，浪费也越多。最后，也要考虑装修费用问题，对于同一品牌同一系列的产品来说，地砖的规格越大，相应的价格也会越高，因此，不要盲目地追求大规格产品。

米色网纹亚光玻化砖

木纹大理石

仿古砖

有色乳胶漆

印花壁纸

中花白大理石

陶瓷锦砖

石膏板拓缝

条纹壁纸

米黄色网纹大理石

有色乳胶漆

装饰硬包

肌理壁纸

仿木纹玻化砖

条纹壁纸

陶瓷锦砖

黑胡桃木装饰线

白色乳胶漆

石膏板拓缝

装饰茶镜

有色乳胶漆

木质装饰横梁

皮纹砖

条纹壁纸

木纹大理石

黑白根大理石波打线

印花壁纸

布艺软包

米色亚光墙砖

桦木饰面板

茶镜装饰线

铂金壁纸

羊毛地毯

文化砖

地砖铺装要注意哪些事项

　　1. 铺装前先把地砖浸泡一个小时,以防开裂。铺装时应把相同型号和尺寸的地砖贴在同一个区域内。

　　2. 施工时要将地面清理干净,如果地面没有严重的空凹,即可进行弹线施工。

　　3. 在施工平面上拉出对角线,找出中心,再根据设计的图案,用水泥砂浆做黏合剂,从中心向四周平铺地砖。

　　4. 在铺装时,地砖与地面之间必须用水泥砂浆完全填实,不留空隙,否则水泥干后,人踩上去容易使地砖断裂。

米色玻化砖

有色乳胶漆

彩色釉面墙砖拼贴　　　　　　　　　　　　艺术地毯

米黄色网纹大理石

镜面锦砖

装饰灰镜

印花壁纸

肌理壁纸

有色乳胶漆

条纹壁纸

泰柚木饰面板

装饰硬包

有色乳胶漆

印花壁纸

装饰硬包

印花壁纸

水曲柳饰面板

米色网纹大理石

木质装饰横梁

白色乳胶漆弹涂

白色乳胶漆

羊毛地毯

有色乳胶漆

羊毛地毯

布艺软包

车边银镜

石膏板拓缝

密度板雕花贴银镜

木纹大理石

铂银壁纸

镜面锦砖

如何选择客厅墙面乳胶漆的色彩

　　朝南和朝西客厅的墙面宜选择冷色系涂料。朝南的客厅日照时间最长，容易使人浮躁，因此大面积应用深色会使人感到更舒适。朝西的客厅由于受到落日夕照的影响，感觉会比较热，客厅墙面如果选用冷色系涂料会让人觉得清凉些。

　　朝东和朝北客厅的墙面宜选择暖色系涂料。朝东的客厅最早晒到阳光，但是也会因为阳光最早离开而过早变暗，所以高亮度的浅暖色是最理想的色彩。朝北的客厅因为没有日光的直接照射，在选择墙面颜色时应多用暖色，且用色明度要高，不宜用暖而深的色调，否则空间会显得很暗，让人感觉沉闷、单调。

米黄色玻化砖

有色乳胶漆

泰柚木饰面板

有色乳胶漆

仿古砖

印花壁纸

条纹壁纸

爵士白大理石

肌理壁纸

陶瓷锦砖

印花壁纸

强化复合木地板

铂金壁纸

布艺软包

肌理壁纸

泰柚木饰面板

雕花茶色烤漆玻璃

中花白大理石

雕花银镜

米色大理石

印花壁纸

强化复合木地板

爵士白大理石

有色乳胶漆

有色乳胶漆

布艺软包

白色乳胶漆

印花壁纸

水曲柳饰面板

有色乳胶漆

雕花烤漆玻璃

云纹大理石

有色乳胶漆

有色乳胶漆

Tips

客厅乳胶漆墙面如何施工

1.清理墙面。用铲刀清除墙面已松动的腻子层。用铲刀无法清除的腻子层，可以用小锤子轻轻敲击。如果没有空鼓的声音，并且敲后仍不松动的地方，可以保留原有的基层。

2.清洗墙面。用清水或洗涤灵将墙表面的浮尘、油污彻底清洗干净。

3.修补墙面。用腻子对局部损坏的部位进行修补，并找平整个墙面。

4.涂刷底漆。待腻子层充分养护、固化、干燥后，涂刷1~2遍封闭底漆，切忌漏涂。

5.涂刷面漆。待底漆完全干燥后，涂刷两遍面漆。涂刷涂料时禁止过量兑水，尤其是深颜色的涂料，兑水过多可能导致浮色、发花等不良现象。

仿古砖

文化砖

印花壁纸   有色乳胶漆

白枫木装饰线

艺术墙贴

爵士白大理石

羊毛地毯

装饰灰镜

水曲柳饰面板

爵士白大理石

有色乳胶漆

水曲柳饰面板

白砖

肌理壁纸

印花壁纸

有色乳胶漆

水曲柳饰面板

有色乳胶漆

木质搁板

手绘墙饰   仿古砖

黑胡桃木装饰线 ·········

仿木纹玻化砖 ·········

条纹壁纸 ·········

米色网纹玻化砖 ·········

黑色烤漆玻璃

布艺软包

印花壁纸

米黄色大理石

白色乳胶漆

米色网纹大理石

皮纹砖

黑色玻化砖

如何选择客厅壁纸

如果客厅显得空旷或者格局较为单一,壁纸可以选择明亮的暖色调,搭配大花朵图案铺满客厅墙面。暖色可以达到拉近空间距离的效果,而大花朵图案的整墙铺贴,可以营造出花团锦簇的视觉效果。

对于面积较小的客厅,使用冷色调的壁纸会使空间看起来更大一些。此外,使用一些带有小碎花图案的亮色或者浅色的暖色调壁纸,也能达到这种效果。中间色系的壁纸加上点缀性的暖色调小碎花,通过图案的色彩对比,也会巧妙地吸引人们的视线,在不知不觉中从视觉上扩大原本狭小的空间。

印花壁纸

米黄色网纹大理石

白枫木窗棂造型隔断   印花壁纸

米色玻化砖

羊毛地毯

中花白大理石

肌理壁纸

仿木纹玻化砖

手绘墙饰

木纹大理石

白色玻化砖

印花壁纸

仿古砖

深啡网纹大理石

条纹壁纸

石膏板拓缝

印花壁纸

装饰硬包

米黄色大理石波打线

装饰茶镜

米黄色网纹大理石

艺术地毯

白色乳胶漆

黑色烤漆玻璃

彩色釉面地砖波打线

强化复合木地板

胡桃木饰面板

有色乳胶漆

仿古砖

有色乳胶漆

直纹斑马木饰面板

有色乳胶漆

黑镜装饰线

Tips

如何选购壁纸

选购壁纸时应先考虑所购壁纸是否符合环保、健康的要求，质量性能指标是否合格。消费者在选购时不妨通过看、摸、擦、闻四种方法检查壁纸质量。"看"：首先要看是否经过权威部门的有害物质限量检测，其次看其产品是否存在瑕疵，好的壁纸看上去自然、舒适且立体感强。"摸"：用手触摸壁纸，感觉其是否厚实，以及左右厚薄是否一致。"擦"：用微湿的布稍用力擦纸面，如果出现脱色或脱层现象，则说明其耐摩擦性能不好。"闻"：闻一下壁纸是否有异味。

米黄色网纹大理石

印花壁纸

仿古砖

印花壁纸

米黄色网纹大理石

印花壁纸

黑色烤漆玻璃

浅米色网纹大理石

印花壁纸

雕花银镜